农村美好环境与幸福生活共同缔造系列技术指南

农村杂物清理和庭院美化技术指南

住房和城乡建设部村镇建设司　组织
丁　奇　叶　飞　赵　辉　李　雄　编写
姚　朋　朱　江　张　静　杨延涛

中国建筑工业出版社

图书在版编目（CIP）数据

农村杂物清理和庭院美化技术指南／住房和城乡建设部村镇建设司组织．—北京：中国建筑工业出版社，2018.12
（农村美好环境与幸福生活共同缔造系列技术指南）
ISBN 978-7-112-22947-5

Ⅰ.①农…　Ⅱ.①住…　Ⅲ.①农村—居住环境—环境综合整治—中国—指南　Ⅳ.①X21-62

中国版本图书馆CIP数据核字（2018）第259927号

总 策 划：尚春明
责任编辑：李　杰　石枫华　李　明　朱晓瑜
责任校对：王宇枢

农村美好环境与幸福生活共同缔造系列技术指南
农村杂物清理和庭院美化技术指南
住房和城乡建设部村镇建设司　组织
丁　奇　叶　飞　赵　辉　李　雄
姚　朋　朱　江　张　静　杨延涛　编写
*
中国建筑工业出版社出版、发行（北京海淀三里河路9号）
各地新华书店、建筑书店经销
北京点击世代文化传媒有限公司制版
北京富诚彩色印刷有限公司印刷
*
开本：850×1168 毫米　1/32　印张：1　字数：18 千字
2019 年 3 月第一版　2019 年 3 月第一次印刷
定价：15.00 元
ISBN 978-7-112-22947-5
（33041）

丛书编委会

前 言

杂物清理和庭院美化是乡村村容村貌提升、生态环境治理的重要组成内容，开展杂物清理和庭院美化有利于提升村容村貌，改善农村人居环境，加快推进农村人居环境整治。

为指导各地推动杂物清理和庭院美化工作，特编写《农村杂物清理和庭院美化技术指南》。本书分为概述、杂物清理、庭院美化三部分，提出了杂物清理和庭院美化的原则和方法，帮助村民以及管理者在乡村建设中实现共建、共管、共享，实现人居环境整体提升，让村民在乡村振兴中有更多获得感、幸福感、安全感。

目　录

一 概述

（一）背景与意义

党的十九大报告中首次提出“实施乡村振兴战略”，这充分体现出了党中央对“三农”工作的高度重视和对广大农民群众的由衷关切。

开展农村人居环境整治行动，改善农村人居环境，建设美丽宜居乡村，是实施乡村振兴战略的一项重要任务，事关全面建成小康社会，事关广大农民根本福祉，事关农村社会文明和谐。习近平总书记强调，“建设好生态宜居的美丽乡村，让广大农民在乡村振兴中有更多获得感、幸福感。”

村庄杂物清理和庭院美化是乡村村容村貌提升、生态环境治理的重要组成内容，开展村庄杂物清理和庭院美化有利于提升村容村貌，改善农村生态环境，改善农村人居环境，缩小城乡差距，加快推进农村人居环境整治。为进一步提升农村人居环境水平，又好又快推进村庄杂物清理和庭院美化工作的开展，特制定本技术指南。

（二）目标与原则

1. 基本目标

村庄杂物清理和庭院美化要做到干净整洁有序，有条件的地区可相应提高。习近平总书记多次强调，“农村环境整治，不管是发达地区还是欠发达地区都要搞，标准可以有高有低，但最起码要给农民一个干净整洁的生活环境”。“干净整洁有序”是人居环境整治的基本要求，有条件的地方可以相应提升人居环境质量的标准，条件不具备的地方切勿盲目攀比，更不能搞所谓“一步到位”的“高标准”建设，要因地制宜，结合自身实际，开展杂物清理和庭院美化等工作。

2. 工作原则

（1）因地制宜，分类指导

我国疆域辽阔，从南到北，有山区也有平原，自然禀赋条件各异；从东到西，有发达也有欠发达地区，经济发展水平不同。面对差异巨大的基础和特点，因地制宜、分类指导是开展农村人居环境整治必须坚守的一条基本原则。

（2）问题导向，村民主体

坚持问题导向，从问题出发，着眼于解决现实问题。村庄杂物清理和村庄庭院美化要以村民为主体，村民自己动手，积极参与到杂物清理与庭院美化中来。

（3）广泛发动，群策群力

通过宣传册、广播、会议等形式，多方位、多角度宣传杂物清理及庭院美化，不断强化农民主体地位，充分发挥广大农民群众的智慧和力量，群策群力开展乡村杂物清理与庭院美化工作。

（4）典型引领，示范带动

开展“最美庭院”、“示范户”等评选活动，通过最美庭院的评选，树立典型，以先进带动后进。

（5）生态环保，经济适用

在杂物清理过程中，切莫贪图方便，采取直接焚烧、倾倒河流等不环保做法，造成二次环境污染。在庭院美化过程中，也要按照生态环保、经济适用的原则展开庭院美化。

（6）长效机制，建章立制

通过开展杂物清理与庭院美化，改变农村的生活环境，促进村民养成良好的生活习惯，同时，也要建立长效环卫保洁与绿化养护机制。村庄也可制定村卫生公约，要求村民自觉遵守；可根据自身情况，建立奖励机制，对于表现突出、维持效果较好的家庭予以奖励。

（三）工作内容

我国村庄类型多样，各地需要整治的对象和工作重点也有所不同。本指南主要指导的工作有两方面：一是对村民生活杂物、临时建材与残垣断壁、农机农具和路障杂物进行清理和归置；二是对村庄庭院内的平台空地、绿化种植、生活设施、院墙围挡进行适当的美化。

二　杂物清理

农村的杂物主要是农民在农村生产、生活、建设、养殖等方面产生的杂物与垃圾，常见的杂物有生活用品废弃物、废旧农用器具、废旧建材及残垣断壁及畜牧养殖产生的粪污垃圾等。

村庄杂物往往随意丢在庭院内或户外空地，不仅影响村容村貌，同时也造成一定的安全和卫生隐患，需要及时清理。

（一）清理原则

村庄杂物清理应遵守村民主体、生态环保、对杂物最大化回收利用原则，对于实在无法进行二次利用的杂物要及时进行销毁，对于存在安全隐患的杂物应及时进行清除。

（二）清理方法

1. 生活杂物

农村常见的生活杂物有日常生活产生的垃圾、损坏的生活用品、废旧的砖瓦、柴禾等杂物，针对不同类型的杂物应采取恰当的方法。

（1）生活垃圾

生活垃圾清理方法

村民垃圾随意丢弃，造成垃圾围村。对垃圾及时进行清理，并尝试探索建立适合本地的生活垃圾收集处理机制，向村民讲解垃圾分类知识，经济条件较好地区可成立保洁清运队伍。

（2）树枝、秸秆等杂物

树枝、秸秆的清理方法

村民生活常用的柴禾、数值等，村民往往乱堆乱放，存在安全隐患。对于这些易燃杂物，应及时清理，分类码放整齐堆放在空闲位置，远离高压线、光缆、变压器等设备。

（3）损坏的生活用具

损坏生活用具清理方法

损坏的生活用具包括破旧的盆罐、轮胎等。对于这些杂物可及时进行旧物利用或者废物回收，村民可自己动手进行景观小品改造。

庭院杂物清理方法

村民庭院杂物较多，针对损坏或使用不到的杂物应及时丢弃，可利用的要及时分类码放整齐。

（4）畜牧养殖垃圾

畜牧养殖垃圾清理方法

对于畜牧养殖产生的杂物或粪便垃圾，应及时清理并定期消毒，保证人畜安全。

2. 临时建材与残垣断壁

临时建材与残垣断壁主要包括村民施工建设过程中堆放的建筑材料和边角料以及破败建筑物或残垣断壁。对于村民建设过程中的建材，应首先保障安全，其次不应耽误其他人员出行。

（1）建设完成后边角料

边角料做成景观

村民建设完毕后多余的建材边角料，经常随意堆放。对于这些建材，村民可自己动手进行利用做成景观，也可进行二次回收。

（2）施工中的建材

施工中要整齐堆放建材

村民在建设过程中，通常将建材随意堆放，影响村民出行。应合理安排施工场地，及时将建材整齐堆放，腾出交通空间。

（3）失修的房子

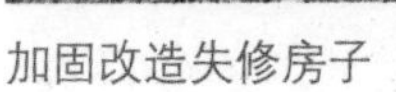

加固改造失修房子

村庄年久失修的房子常常存在安全隐患，要及时拆除或加固改造，进行重新利用。

（4）破旧的墙垣

改造加固破旧的墙垣

围墙表面参差不齐，残垣断壁威胁村民居行安全。可进行改造加固，石墙或砖墙可采用增加勾缝、整体粉刷、拆除重建等方式进行处理。

3. 农机农具

农机农具包括拖拉机等大型农机与犁、耙、镇压器等简单农具。

集中停放农机农具

机具露天随意存放，经受日晒雨淋，影响村民出行且缩短使用寿命，也存在一定的安全隐患。最好放在室内或集中停放。

妥善保管小型农具

小型农具露天放置，遭受风吹、日晒、雨淋等侵蚀，若不精心保管，机具在停放期间的损坏将远远超过工作期间的损坏，甚至变成一堆废铁。凡与地面直接接触的零件，应用木板或砖支起；脱落的防护漆要重新涂好；对犁、耙、镇压器等简单机具，可以露天保管，但要放在地势较高、干燥、不受阳光直射的地方，最好能搭棚遮盖。

4. 占道杂物

目前村庄中的占道杂物主要有村民生活垃圾、废弃材料以及村民晾晒的粮食。

（1）占道垃圾

固定垃圾收集点

垃圾随意倾倒，侵占道路。应及时清理，可设置固定垃圾收集点，长效保持道路两侧清洁。

（2）废弃材料

整齐码放废弃材料

对随意堆砌在道路上的废弃材料，应分类收集，整齐码放在道路两侧。

道路合理设置停车位

农村在道路两侧随意停车影响村民出行，可以在道路两侧合理设置停车位，有条件地区可集中建设停车场。

（3）晾晒粮食

不要在道路上晾晒粮食

村民往往在道路上晾晒粮食，这样影响交通，同时也存在一定的安全隐患。村民应选择适当的空地晾晒或者利用庭院内部、屋顶等地进行晾晒。

三　庭院美化

村庄庭院是农村建筑室内空间的延续，有庭有院才是家。村庄庭院作为一个对内开放、对外封闭的空间，是村民劳作之余休闲生活的室外场所。

由于缺乏环保意识，目前村庄庭院中主要存在杂物乱堆乱放，垃圾乱扔，绿化不修剪等脏乱差问题。

开展全面整治村庄庭院工作，小庭院大格局，以绿治脏，以绿治乱，从而净化、绿化、美化村庄庭院，让庭院真正成为一家人其乐融融享受自然生活的空间。

（一）清理原则和要求

1. 工作原则

村庄庭院美化应遵循因地制宜、景观与建筑相协调、人文与自然相统一原则。庭院植物配置形式采用规则式布局、自然式布局，树种选择要因建筑而宜，宜乔则乔，宜灌则灌，宜藤则藤。

2. 工作要求

村庄庭院美化要根据村庄的布局以及农户周边的自然环境，对每家农户进行改造，注意避免雷同化。同时，要根据农户的兴趣爱好进行设计改造，尽量做到风格迥异，特色鲜明。进行村庄庭院美化时要注意提高村民的生态意识，提倡村民对各自庭院进行绿化布置，增添绿色生机。

（二）庭院布局

1. 庭院可设置成开放式、半开放式和封闭式等不同形式。

2. 庭院是一个家庭开展日常生活的场所，庭院功能应包括以下活动方式：洗衣、晾晒、种菜、养花、就餐、喝茶、闲聊、游戏、劳动、停车等。

3. 美丽庭院包含要素：平台空地、绿化种植、生活设施、院墙围挡。

（三）美化方法

1. 平台空地

庭院内的平台空地是农户洗衣、晾晒、就餐、喝茶、停车的生活场所，选用材料除水泥外，可适当引入一些乡土材质，例如卵石、老石板、透水砖、透水混凝土等，拼接方式应多样化、乡土化、充满趣味性。

平台空地不宜过度铺装，也不宜用同一种材质通体铺设，避免采用大面积水泥浇筑和对缝严密的广场砖、花岗岩等城市化地面铺装。

2. 绿化种植

（1）基本原则

庭院内的绿化种植应综合考虑当地气候条件、地形地貌及文化风俗等多种因素，还原自然乡土的植物群落风貌，并综合考虑观叶、观花等多种需求。

空地采用乡土化材质

庭院绿化应以草本植物或灌木为主，适当点缀种植高大乔木。

庭院绿化（一）

庭院绿化（二）

庭院绿化（三）

庭院绿化（四）

（2）建筑植物配置

建筑南面应保证建筑的通风采光要求，选用喜阳、耐旱植物，考虑叶、果、姿优美的乔灌木；建筑北面应考虑防护性绿带，以耐荫、抗寒的乔灌木为优；建筑的西面和东面应考虑夏季防晒和冬季防风的要求，选择抗风、耐寒的常绿乔灌木。庭院绿化既可采用小型花坛式栽培、篱棚式栽培，也可以用容器进行可移动式栽培。

（3）庭院绿地

根据树种配植方式的不同，庭院绿地可分成经济型、观赏型和立体绿化三类：

经济型：选择1～3种乡土果木、花木点植。

观赏型：面积较大的庭院内以乔木为主，且对种植树木的叶、果、姿有较高要求，搭配种植观赏性强的花灌木。

立体绿化：可选用攀援植物对庭院围墙、房屋墙面进行垂直绿化，石墙缝隙间点缀易生长的小型植物，如景天科、苔藓类植被。庭院内可采用棚架式绿化，种植藤类瓜果花木。

绿化植物配置推荐表

类别	名称
乔木	银杏、厚朴、麻标、白标、乌桕、深山含笑、乐昌含笑、水杉、池杉、红豆杉、马褂木、香樟、浙江樟、合欢、翅荚香槐、山合欢、七叶树、桂花、毛红椿、无患子、杜英、珊瑚朴、香泡、朴树、黄山栾树、榉树、枫香、垂柳、南酸枣、苦楝等
小乔木	玉兰、紫玉兰、樱花、海棠、红叶李、紫薇、红枫、蜡梅、红梅、青梅、杨梅、浙江柿、栗、枇杷、桃、李、樱桃、柚、柑橘、无花果、枣、香椿、金桔、石榴、猕猴桃等

续表

类别	名称
竹	早园竹、刚竹、毛竹、紫竹、方竹、孝顺竹、哺鸡竹等
灌木	茶梅、迎春、黄馨、春鹃、夏鹃、月季、红花继木、十大功劳、南天竹、箬竹等
爬藤植物	凌霄、爬山虎、紫藤、常春藤、常春油麻藤、香花崖豆藤、葡萄等
地被植物	红花酢浆草、酢浆草、白三叶、黄秋英、紫云英、格桑花、野菊花、鼠尾草、芒草等
水生植物	荷花、睡莲、鸢尾、石菖蒲、香蒲、梭鱼草、美人蕉、鱼腥草、千屈菜、芦苇等

银杏

紫薇

凌霄

美人蕉

庭院植物

菜园是乡村中最具魅力的绿地空间，鼓励利用废弃空地、堆场恢复为菜地、菜园。道路与墙、建筑之间宽度大于 1 米的绿地均可改造为菜园，也可搭棚架。门前、墙前菜园与道路之间遵循较高农作物距道路最远的种植原则。

庭院菜地

3. 生活设施

庭院是乡村建筑外围的休闲场所，是村民生活休闲的重要场所。富有乡土气息的庭院充分展现乡村的闲情逸致，让人悠然回归到质朴生活的本位。根据农户自身的功能需求，庭院内可配上生活休闲、纳凉、观景的设施：洗衣台、户外休闲桌椅、遮阳篷等。

4. 院墙围挡

村庄庭院中圈养的鸡、鸭、鹅等动物，也是乡村庭院的重要构成元素。对饲养圈舍，村民除了做好卫生清扫、定期

庭院休闲桌椅

消毒杀毒、疫病防控等工作以外，还应利用本地材料，因地制宜地对圈舍进行美化。

圈舍围挡、相邻庭院以及庭院与公共空间交界的隔断可考虑绿地、菜地、篱笆等软质隔断，也可利用各种形式的围墙、格栅等矮墙作为隔断，如需要一定的私密性，可在下半部做实体墙，上半部采用镂空隔断，虚实相间，增强庭院内化绿色相互渗透。

院墙镂空隔断

院墙形式提倡多样化、乡土化、趣味化，可采用石砌、瓦、黄土及各种乡土材料组合创意墙体。

乡土化院墙隔断

院门尽量保持乡土风貌，选用本土材料，如竹、木等，饰面材料减少水泥、铝板等现代化城市化的材料。

乡土化院门